三叠纪

恐龙崛起

棘乐工作室 编著

哈尔滨出版社
HARBIN PUBLISHING HOUSE

图书在版编目（CIP）数据

三叠纪·恐龙崛起 / 桃乐工作室编著. — 哈尔滨：
哈尔滨出版社, 2019.4
（恐龙来了）
ISBN 978-7-5484-4419-0

Ⅰ.①三… Ⅱ.①桃… Ⅲ.①恐龙 – 少儿读物 Ⅳ.
①Q915.864–49

中国版本图书馆CIP数据核字（2019）第029935号

书　　名：**三叠纪·恐龙崛起**
SANDIEJI. KONGLONG JUEQI

作　　者：桃乐工作室　编著
责任编辑：于海燕　张艳鑫
责任审校：李　战
封面设计：宸唐工作室

出版发行：哈尔滨出版社（Harbin Publishing House）
社　　址：哈尔滨市松北区世坤路738号9号楼　　邮编：150028
经　　销：全国新华书店
印　　刷：武汉兆旭印务有限公司
网　　址：www.hrbcbs.com　　www.mifengniao.com
E－mail：hrbcbs@yeah.net
编辑版权热线：（0451）87900271　87900272
销售热线：（0451）87900202　87900203
邮购热线：4006900345　（0451）87900256

开　　本：787mm×1092mm　　1/16　　印张：7.5　　字数：50千字
版　　次：2019年4月第1版
印　　次：2019年4月第1次印刷
书　　号：ISBN 978-7-5484-4419-0
定　　价：98.00元

前 言

　　恐龙是生活在中生代的一种古老的爬行动物，它们在三叠纪晚期横空出世，经历了侏罗纪的繁荣，到白垩纪进入极盛阶段并在晚期突然灭绝。恐龙凭借庞大的身躯和凶猛的脾性如"君临天下"一般，称霸地球达1.6亿年之久，中生代因它们而具有了传奇色彩，并被冠以"恐龙时代"的美誉。而对恐龙的研究从恐龙化石首次被发掘以来就从未停歇，人们对这个神秘物种充满了好奇，随着研究的不断深入，恐龙的神秘面纱也一点点被揭开。

　　为了给少年儿童提供更加丰富的恐龙知识，解答恐龙的各种谜团，我们精心编撰了这套全面介绍恐龙知识的科普读物。这套书以时间为线索，以地域为区划，清晰、系统地为少年儿童展示了恐龙时代的完整风貌。孩子们在这套书里不仅可以认识恐龙，了解恐龙，学到和恐龙有关的知识，还能通过数百幅中生代的复原图，循着恐龙的脚步，身临其境般地了解那个时代的地球环境、生物类型、地质风貌……

　　现在，让我们一起穿越到那惊险刺激的神秘世界，开始一段精彩的发现之旅、科学之旅、震撼之旅吧！

目 录 Contents

第四章　南半球的恐龙

第五章　北半球的恐龙

附　录

导 读

百科知识页面

介绍生态环境、恐龙的演化、恐龙的地理分布等与恐龙相关的百科知识。

标题
说明本页的主题内容。

相关知识
与本页相关的知识内容，并配以图片，让读者了解主题内容以外的知识。

序言
概述本页介绍的内容，引导读者阅读。

主图说明
对主图进行详细的文字说明，便于读者理解。

研究恐龙化石

古生物学家通过各种方式寻找恐龙化石的蛛丝马迹，发掘化石只是认识恐龙的第一步。接下来要将零散的骨骼化石拼接成完整的骨架，然后再借助current现代高科技手段为骨架添筋加肉，尽可能复原恐龙的真实面貌。通过对化石的不断研究，我们对恐龙的外形和生活习性等有了更深的了解，也一点点揭开了这个生活在遥远时期的神秘物种的面纱。

遗迹化石　古生物学家可以通过恐龙的遗迹化石研究恐龙的生活习性。

恐龙蛋化石　恐龙蛋的数量和排列方式能够帮助古生物学家分析恐龙产卵和哺育幼崽的特点。

恐龙足迹化石　恐龙的足迹可以揭示恐龙的大小以及走路的方式——二足或四足行走，甚至还可以通过足迹来计算出恐龙移动的速度。

皮肤化石　被保留下来的部分皮肤能帮助古生物学家研究恐龙的皮肤特征。

内脏化石　古生物学家通常会通过其他动物来推测恐龙内脏的位置，而恐龙木乃伊便能够较好地确定内脏所在的位置。

骨骼化石　完整的骨骼化石能够帮助复原恐龙的外形。

牙齿化石　根据牙齿化石可以推测出恐龙的食性。

肌肉化石　真皮与骨头相连的那部分肌肉已经变成化石，但这已经难得一见了。根据肌肉化石可以推测恐龙的四肢是如何行动的。

模拟重现恐龙　全世界至今发现的恐龙木乃伊仅有几具。为了便于研究学习，我们制作了一张模拟图。该图重现了恐龙的骨骼以及皮肤、肌肉、内脏等软组织。

恐龙木乃伊　恐龙木乃伊是保留有软组织化石的恐龙尸体。恐龙的尸体在极端的自然环境下被埋藏，它保存了大部分外皮组织、肌肉甚至消化系统内的食物。恐龙木乃伊是非常少见的。

16　　　　17

本页知识点
介绍本页主题的知识性文字，让读者深入学习相关知识。

主图
通过图片的形式介绍本页的知识点，画面更直观。

恐龙介绍页面 具体介绍恐龙及与之相关的知识。

恐龙知识

从多个角度介绍与恐龙相关的知识。

恐龙档案

恐龙的详细资料档案，加深读者对恐龙的认识。

标题

本页要介绍的恐龙的名字。

主图

通过复原图再现恐龙的原貌，更直观地认识恐龙。

相关知识介绍

介绍与恐龙相关的趣味知识，并配以图片。

主图说明

对恐龙的主要特点加以说明，深入了解恐龙的特征。

第一章

认识恐龙

令人着迷的恐龙

恐龙真的灭绝了吗?

　　恐龙是爬行动物的一种,而爬行动物又是脊椎动物中一个比较重要的门类。因为爬行动物位于生物进化历程的中段,它们由两栖动物进化而来,然后又演化出鸟类和哺乳动物,所以具有承上启下的作用。恐龙的种类繁多,它们中有的体形巨大、样子凶猛,也有和鸡大小相当的"小不点"。根据研究发现,有的恐龙身体表面覆盖着像鳄鱼、穿山甲一样的鳞片或者骨板,但也有一些恐龙是身披羽毛的。所以古生物学家认为恐龙并没有灭绝,鸟类可能由恐龙进化而来并一直存活至今。

一提起恐龙，无论大人还是小孩，都会充满好奇。那么，恐龙这种魅力十足的生物到底是什么样子的？它们是真实存在还是虚构出来的呢？

其实，恐龙是真实存在的，它们是生活在中生代的一种古老的爬行动物。它们从距今2.3亿年前的三叠纪晚期开始出现，经过侏罗纪的繁衍发展，到距今6550万年前的白垩纪末期灭绝，恐龙在地球上的统治长达1.6亿年之久，它们生活的时代也被称为"恐龙时代"。

谁发现的恐龙？

关于"谁最早发现恐龙"的这个问题，世界上普遍认为是1822年由曼特尔夫妇发现的。但是当时他们只是发现了化石，却不知道这些化石属于哪种动物。经过研究与考证，曼特尔医师认为这些化石属于一种与蜥蜴同类，但是已经灭绝的古代爬行动物，于是将它们命名为"鬣蜥的牙齿"。

后来随着越来越多的恐龙化石被发现，人们对这种古生物有了更深刻的认识。人们发现"鬣蜥的牙齿"并不能完全代表恐龙，它只是恐龙的一种。

对于曼特尔夫妇最早发现恐龙的这一说法，也有人提反对意见。比如英国的哈士尔特德教授就认为最早发现恐龙的人是罗伯特·普劳特。1677年，罗伯特·普劳特为一块巨大的腿骨化石画了一幅插图，而且在插图上注明了这个腿骨应该属于一种比牛、马、大象都要巨大的生物。普劳特没有明确的猜测，指出这块化石属于恐龙，甚至也没有提出是属于爬行动物的猜测，但插图和文字却成为后世研究恐龙化石的重要资料，这一发现比曼特尔夫妇早了近150年。

恐龙化石的发现由来已久，如果不借助化石，人类会对恐龙这一史前生物一无所知，所以研究恐龙，也就是研究恐龙化石。通过对恐龙化石的研究，我们了解了恐龙的外形及生活习性，慢慢看到了这个神秘物种的真实面貌。

恐龙化石的形成

恐龙化石的形成需要经过漫长又复杂的过程，只有当恐龙死后其尸体很快被掩埋才有可能形成化石，而化石能否保存完好并最终被发掘与地球的变迁紧密相关。当恐龙死后，其尸体很快会被沙暴或淤泥掩埋，泥沙覆盖物能够保护恐龙的尸体不被腐蚀，然后，恐龙尸体中的软组织会逐渐腐烂，身体中最坚硬的骨骼则经过长久的沉积，最终变成了化石。

　　恐龙公墓是大量不同种类的恐龙生前突然遭遇自然灾难而被迅速埋葬形成的。因尸体很快被埋葬，所以公墓中一般保存有比较完整的骨架化石。恐龙公墓是恐龙时代留给今天的具有重要价值的"自然遗产"，恐龙公墓数量非常少，我国四川的"大山铺恐龙公墓"是世界上著名的恐龙公墓之一。

恐龙化石有哪些

　　根据目前的发现，恐龙化石大体上可分为躯体化石和遗迹化石两种，主要保存在中生代形成的沉积岩中。躯体化石主要包括骨骼化石和牙齿化石，骨骼和牙齿是身体中最坚硬的部分也是最容易形成化石的，所以，目前最常见的恐龙化石是恐龙的躯体化石。在一些特殊情况下，恐龙的遗迹也能被保存下来并形成化石，遗迹化石一般包括蛋、巢穴、足迹、皮肤印痕甚至是粪便。

研究恐龙化石

古生物学家通过各种方式寻找恐龙化石的蛛丝马迹，发掘化石只是认识恐龙的第一步，接下来要将零散的骨骼化石拼接成完整的骨架，然后再借助现代高科技手段为骨架添筋加肉，尽可能复原恐龙的真实面貌。通过对化石的不断研究，我们对恐龙的外形和生活习性等有了更深的了解，也一点点揭开了这个生活在遥远时期的神秘物种的面纱。

皮肤化石

被保留下来的部分皮肤能帮助古生物学家研究恐龙的皮肤特征。

骨骼化石

完整的骨骼化石能够更好地呈现恐龙的外形。

肌肉化石

虽然与骨头相连的那部分肌肉已经变成化石，但这已经难得一见。根据肌肉化石可以推测恐龙的四肢是如何行动的。

恐龙木乃伊

恐龙木乃伊是保留有软组织化石的恐龙尸体。恐龙的尸体在极端的自然环境下被埋葬，它保存了大部分外皮组织、肌肉甚至消化系统内的食物。恐龙木乃伊是非常少见的。

遗迹化石

古生物学家可以通过恐龙的遗迹化石研究恐龙的生活习性。

恐龙蛋化石

恐龙蛋的数量和排列方式能够帮助古生物学家分析恐龙产卵和哺育幼崽的特点。

恐龙足迹化石

恐龙的足迹可以揭示恐龙的大小以及走路的方式——二足或四足行走，甚至还可以通过步幅来计算出恐龙移动的速度。

内脏化石

古生物学家通常是通过其他动物来推测恐龙内脏的位置，而恐龙木乃伊能够很好地确定内脏所在的位置。

牙齿化石

根据牙齿化石可以推测出恐龙的食性。

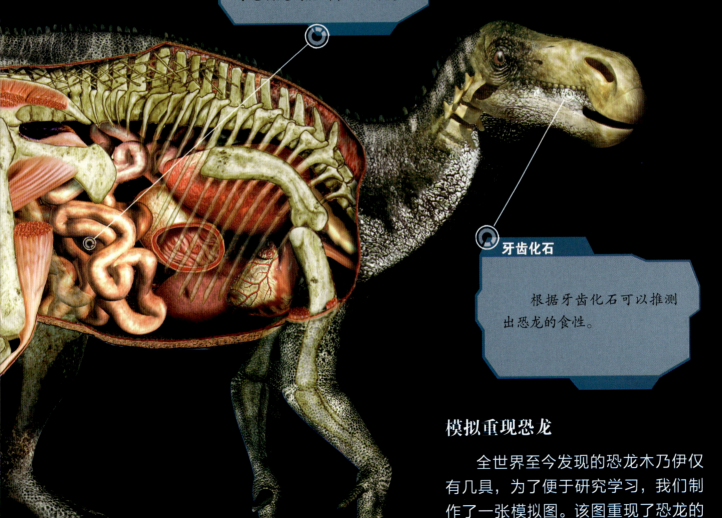

模拟重现恐龙

全世界至今发现的恐龙木乃伊仅有几具，为了便于研究学习，我们制作了一张模拟图。该图重现了恐龙的骨骼以及皮肤、肌肉、内脏等软组织。

恐龙是对一种史前陆生动物的统称，恐龙其实分为许多种类，而且每种恐龙都有不同的名称。古生物学家根据恐龙的骨骼化石，通过对比研究恐龙的骨盆结构，发现恐龙"腰带"的构造特征有所不同，并据此将恐龙分为两大类：蜥臀目和鸟臀目。

霸王龙

兽脚亚目

兽脚亚目恐龙从晚三叠纪一直存活到白垩纪，所有的肉食性恐龙都属于该目，该目的坚尾龙类是现代鸟类的祖先。

南十字龙

原蜥脚下目

原蜥脚下目包含里奥哈龙科、板龙科和大椎龙科，它们生存时间较短，侏罗纪早期就灭绝了。

蜥臀目

蜥臀目恐龙的腰带，耻骨在肠骨下方向前延伸，坐骨向后延伸，从侧面看呈三射型。

恐龙大家族

恐龙家族包括两个不同的爬行动物目，即蜥臀目和鸟臀目。

蜥臀目恐龙的腰带

蜥脚亚目

蜥脚亚目恐龙主要生活在侏罗纪和白垩纪，绝大部分都是巨型的植食性恐龙。

蜥脚下目

蜥脚下目包含马门溪龙科、梁龙超科等巨型植食性恐龙，这些庞然大物直到白垩纪晚期才灭绝。

双腔龙

扇冠大天鹅龙

鸟脚下目

鸟脚下目的恐龙生活在晚三叠纪至白垩纪，以白垩纪最为繁盛。该目恐龙由体形较小、二足行走逐渐演化为体形很大、四足行走。

肿头龙

角足亚目

角足亚目包括鸟脚下目和头饰龙类，该目恐龙大都是植食性恐龙。

肿头龙下目

肿头龙下目恐龙最大的特点就是头骨厚肿，代表性的恐龙是肿头龙。

头饰龙类

头饰龙类恐龙指头上长角或者头颅骨凸起的植食性恐龙。

鸟臀目

鸟臀目恐龙的腰带，肠骨向前后扩张，耻骨前侧有一个较大的前耻骨突，后侧大幅度延伸至与坐骨平行，并向肠骨前下方延伸，从侧面看是四射型。

鸟臀目恐龙的腰带

角龙下目

角龙下目的恐龙有两个突出的特点，一是它们头上的角状突起和角，著名的代表有三角龙；该目的另一支代表，它们长有像鹦鹉喙一样的嘴，著名的代表有鹦鹉嘴龙。

甲龙下目

甲龙下目的恐龙主要生活在白垩纪，它们四足行走，身披厚重骨甲，身体粗壮低矮，行动笨拙。

装甲亚目

装甲亚目的恐龙一般指背部长有骨板或骨甲的植食性恐龙。

剑龙下目

剑龙下目恐龙出现于侏罗纪并存活至白垩纪初期。它们四足行走，背部长有直立的骨板，尾部长有骨质刺棒。

剑 龙

祖尼角龙

恐龙的食性

恐龙——生活在中生代的爬行动物,根据食性可以将它们大致分为植食性恐龙、肉食性恐龙和杂食性恐龙三大类。大部分的植食性恐龙都比较温顺,而肉食性恐龙却非常残暴。

杂食性恐龙

与杂食性动物一样,杂食性恐龙以动植物为食。比较有代表性的杂食性恐龙有似鸟龙、窃蛋龙,它们很少群居,一般生活在山谷和密林中。

植食性恐龙

植食性恐龙大部分生活在森林中，森林中植物茂盛并且靠近水源，这样的环境非常利于像腕龙、梁龙这样的大个子恐龙生活，它们的长脖子可以很容易吃到树上的嫩叶。此外，像剑龙和三角龙这样的矮个子恐龙则生活在广阔的草原上，因为它们身材矮小，所以只能以低矮处的植物为食。

肉食性恐龙

肉食性恐龙大都非常残暴，它们以植食性恐龙和其他动物为食。对于小型的猎物，肉食性恐龙会将其囫囵吞下，若猎物较大则会先将其撕碎，再一块一块地吞下。许多肉食性恐龙没有固定的栖息地，茂密的丛林和山林中的洞穴都可以成为它们的栖息地。

根据牙齿判断恐龙的食性

肉食性恐龙的牙齿大同小异，基本呈匕首状，边缘有锯齿，便于撕咬猎物。

霸王龙　异特龙　伤齿龙

植食性恐龙的牙齿形状各异，它们的牙齿没有尖锐的齿锋，齿根比齿冠细窄，排列紧密但分布不均匀，这样的牙齿适合切断植物。

板龙　圆顶龙　剑龙

恐龙的攻击和抵御

生活在中生代的恐龙为了生存，不同种类之间不断地斗争。肉食性恐龙经常对植食性恐龙发动攻击，捕获猎物是它们最重要的事情，而植食性恐龙不仅要寻觅食物，还要抵御肉食性恐龙的攻击。在中生代，恐龙之间的战争经常上演。

狩猎者的攻击

尖牙利齿是肉食性恐龙最好的捕猎武器。生活在白垩纪的恐龙暴君——霸王龙可以轻而易举地捕食猎物，很少有猎物能从它布满匕首状牙齿的血盆大口中逃出。尽管如此，肉食性恐龙的狩猎并不是每次都很轻松，一些小型的肉食性恐龙则会群体行动或合围捕猎，一旦猎物被锁定，它们就会蜂拥而上。

素食者防御敌害

　　面对肉食性恐龙的攻击，虽然植食性恐龙会显得比较弱势，但它们有特殊的"装备"用来防御敌害。剑龙背部的骨板、甲龙背部的骨甲和尾槌、三角龙头部巨大的尖角都能让一般的肉食性恐龙望而生畏，一些大型的植食性恐龙在受到威胁时还会集体反击。

24

　　恐龙自发现以来就一直吸引着许多关注，人们对它们如何繁殖后代同样充满了好奇。恐龙蛋化石的发现证明了恐龙是卵生动物，筑巢、产卵以及照顾下一代是恐龙生活的重要内容。令人欣慰的是，大多数恐龙都是合格的父母，它们会尽职地照顾好自己的幼崽，这也为恐龙在中生代大放异彩提供了条件。

慈爱的父母

　　通过对大量恐龙蛋化石及蛋巢遗迹的研究，古生物学家认为恐龙也是"慈爱的父母"。在每年的繁殖季节，雌、雄恐龙交配之后，恐龙父母就忙开了。首先要找到一处适合产卵的地方，一些恐龙会把巢聚集在生育区，接着恐龙一般会用泥沙筑成凹坑似的巢，然后在里面产卵。在孵化期，恐龙会时常守护自己的蛋，等小恐龙出生后，恐龙父母会衔来食物供养小生命。

形状各异的恐龙蛋

　　恐龙蛋的形态多种多样，有圆球形、椭圆形、扁圆形和橄榄形等。但是，目前大部分的恐龙蛋还无法确定是哪种恐龙产下的。

第二章

重返恐龙时代

生命时间轴

古生代（寒武纪至二叠纪，距今5.45亿—2.50亿年前）

石炭纪

二叠纪

三叠纪

侏罗纪

泥盆纪

志留纪

奥陶纪

寒武纪

前寒武纪

第三纪

第四纪

新生代（第三纪至第四纪，

恐龙生活在中生代时期。这一时期又分为三个纪，分别是三叠纪、侏罗纪和白垩纪。中生代是地球历史上最重要的变革时期之一，地球在这一时期发生了重大的变化。这时人类还未出现，恐龙是当时最高等的物种，它们和其他古生物一起经历了起源、发展、鼎盛的阶段后，在白垩纪末期那场著名的物种大灭绝事件中走向灭亡，恐龙时代宣告结束。

三叠纪

三叠纪由古生物学家弗里德里希·冯·阿尔伯提命名。三叠纪是中生代的开始，是地球发生重大变革的时代，也是恐龙起源的时代。因为当时气候区域并没有相互分隔或者完全独立，所以在三叠纪阶段，恐龙的种类并不多，而且体形偏小，直到中生代中期，恐龙的体形开始显著变大，而且出现了新的种类，恐龙这一物种才开始向成熟转变。

中生代（三叠纪至白垩纪，距今2.50亿—6550万年前

白垩纪

万年前至今）

侏罗纪

侏罗纪是中生代的中期，得名于位于法国和瑞士交界处的阿尔卑斯山区的侏罗山。侏罗纪时期，鸟类开始出现，哺乳动物也开始进化并渐趋成熟。据研究发现，这一时期的气候对恐龙的繁衍起到了极强的促进作用，恐龙在这一阶段种类繁多，开始进入繁盛时期。所以在中生代中期，恐龙基本上没有竞争对手，它们以最快的速度占领了大陆，成为生物界真正的霸主。

白垩纪

白垩纪是中生代最后一个纪，得名于一种灰白色、颗粒细密的碳酸钙沉积物——白垩。这一时期，新种类的动植物渐次出现，恐龙的发展也进入鼎盛时期。喜欢集体狩猎的恐爪龙、大型肉食性恐龙——暴龙都在这一时期出现，此外，植食性恐龙也有新成员加入。但白垩纪末期的那场物种大灭绝事件，使恐龙和当时绝大多数的生物从地球上消失了。

纪元和时期		
	前寒武纪	距今 46 亿 – 5.45 亿年前
古生代	寒武纪	距今 5.45 亿 – 4.95 亿年前
	奥陶纪	距今 4.95 亿 – 4.40 亿年前
	志留纪	距今 4.40 亿 – 4.17 亿年前
	泥盆纪	距今 4.17 亿 – 3.54 亿年前
	石炭纪	距今 3.54 亿 – 2.92 亿年前
	二叠纪	距今 2.92 亿 – 2.50 亿年前
中生代	三叠纪	距今 2.50 亿 – 2.051 亿年前
	侏罗纪	距今 2.051 亿 – 1.42 亿年前
	白垩纪	距今 1.42 亿 – 6550 万年前
新生代	第三纪	距今 6550 万年前 – 181 万年前
	第四纪	距今 181 万年前至今

29

中生代的地球环境较古生代发生了极大改变，包括板块和气候。中生代初期，地球板块由一整块超大陆开始分裂为南北两块，北部的是劳亚大陆，南部的为冈瓦纳大陆。中生代中期，各大陆不断分裂、移动，到晚期，位置与今天的大陆板块接近。中生代的气候非常温暖，这也是该时期生物物种渐趋丰富的主要原因。

地球板块的变化

三叠纪

三叠纪早期，地球上各大陆并没有分开，而是连接在一起成为一块超大陆，也被称为盘古大陆。到三叠纪中晚期时，盘古大陆开始出现分裂的迹象。

气　候

中生代时期全球的气候总体上是温暖、湿润的。

三叠纪时期的全球气候较为干旱，尤其是盘古大陆内部。这一时期的海平面比较低，临近海洋的陆地气温变化较小，而盘古大陆内部离海洋较远，甚至有大面积的沙漠存在，所以气温变化较大。

到了侏罗纪时期，随着盘古大陆不断分裂以及新的海洋的出现，大陆与海洋接触的面积增多，沙漠开始缩小，空气湿度增加，气温逐渐上升并趋于稳定。

白垩纪时期的气候仍然比较温暖，全球各地区的气温差异不大。

侏罗纪

　　进入侏罗纪之后，由于海洋和陆地接触后产生俯冲和挤压，大陆板块开始漂移，逐渐分裂成南北两块——北部的劳亚大陆、南部的冈瓦纳大陆。到侏罗纪晚期时，地球进入"活跃"期，从南美洲板块中开始分裂出非洲板块。

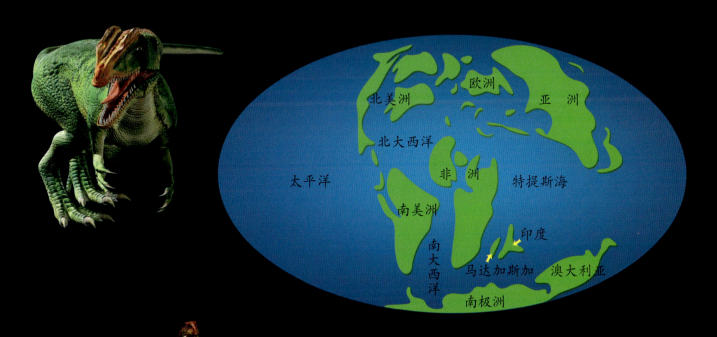

白垩纪

　　白垩纪时期的大陆继续分裂，北美洲和欧亚大陆从劳亚大陆中分裂出来，南美洲、非洲、印度与马达加斯加、澳大利亚和南极洲从冈瓦纳大陆中分裂出来，但澳大利亚和南极洲并没有完全分开。至白垩纪末期，各大陆板块的位置基本接近今天的位置。

翼龙

翼龙身体两侧有一对皮质薄膜状的翅膀，能飞翔，一般栖息在海边或者湖边，以鱼为食。

与古生代相比，中生代的生物类型更趋丰富。恐龙成为中生代陆地上的优势动物。海洋中的爬行动物则有沧龙、鱼龙、蛇颈龙等多种类型。翼龙、鸟类在中生代也开始出现并逐渐发展。植物方面，中生代最繁盛的是蕨类植物和裸子植物，到中生代末期，许多地区的优势植物是被子植物，然而裸子植物仍占据重要地位。

中生代的动物

除恐龙这一大型优势动物之外，陆地上的小型动物数量也不断增多，除了蛇、蜥蜴等，可能还有哺乳类、灵长类的祖先。天空中鸟类、蜻蜓和翼龙等不断发展，而翼龙则是中生代的空中霸主。中生代时期生活在海洋中的动物包括鱼龙、蛇颈龙、双壳类、菊石、箭石、海胆纲、海百合等，鱼龙等爬行动物则一直称霸中生代的海底世界。

中生代的植物

中生代各地区的优势植物主要是蕨类植物以及苏铁等裸子植物。到中生代晚期，被子植物得到了很大发展，成为许多地区的大型优势植物，但蕨类植物以及苏铁等裸子植物在数量上仍占优势地位。

蕨类植物

裸子植物　苏铁　针叶树

被子植物　木兰　枫树　榕树

作为中生代最大的一个动物类型，恐龙在地球上的统治长达一亿多年。恐龙不断向大型化方向演变，并且种类越来越多，逐渐成为中生代陆地上的统治者。随着盘古大陆的不断分裂，恐龙的地理分布则呈现出广泛而分散的特征。

三叠纪——恐龙的新生

地球进入三叠纪时经历了一次灭绝事件，延续了二叠纪干旱的气候特征，原来比较大型的类哺乳爬行动物灭绝，体形相对娇小的爬行类动物开始取而代之。这一时期的恐龙具有同质性的特征，为了适应外在环境，体形普遍偏小，如肉食性的腔骨龙和植食性的板龙等。

侏罗纪——恐龙的繁盛

　　侏罗纪时期，盘古大陆开始逐渐分裂，地球的气候开始变得湿润温暖，动植物生长繁茂。恐龙在这一时期达到繁盛，出现了长有羽毛和骨甲的恐龙，而且体形也从原来的小型开始逐渐向中大型转变，如肉食性的角鼻龙、蛮龙、异特龙和植食性的腕龙、梁龙等。恐龙也是在侏罗纪时期开始成为地球的主宰者的。

白垩纪——恐龙的衰亡

　　白垩纪是中生代最后一纪，恐龙的发展也进入了鼎盛时期，这一时期恐龙的体形更为巨大且种类更加多样。棘龙、霸王龙等成为地球历史上最为庞大的陆地肉食性动物。虽然蜥脚类恐龙的数量减少了，但出现了许多头饰类恐龙，以副栉龙、戟龙等为代表。虽然恐龙在白垩纪时期演化成为地球上最为优势的动物类型，但白垩纪末期发生的灭绝事件，使恐龙在地球上创造的辉煌一去不复返。

▲　三叠纪时期盘古大陆还是一个整体，分布在各个地区的恐龙呈现同质性的特征。

▲　侏罗纪时期盘古大陆分裂出更多的大陆块，美洲大陆、非洲大陆、欧洲大陆、亚洲大陆甚至南极洲大陆都有恐龙的踪迹。

▲　白垩纪时期的大陆块基本与今天的相同，分布在各大洲的恐龙成为地球上的优势动物。

前寒武纪的藻类植物

板足鲎

三叶虫

皮萨诺龙

瓜巴龙

滥食龙

钦迪龙

南十字龙

前寒武纪

对前寒武纪的时间界定多数为距今46亿年前至5.45亿年前。这一时期虽然在地球历史上所占的时间段较长，但是人们所知却甚少。虽然在这一时期地球生命已开始出现，但其进化一直处于较低级的阶段，主要以一些低等的菌藻类植物为主。

古生代

距今5.45亿年前至2.50亿年前，从寒武纪开始，经历奥陶纪、志留纪、泥盆纪、石炭纪，然后以二叠纪为终结。这一时期是动物产生并开始进化的重要时期。古生代早期是无脊椎动物的时代，之后脊椎动物中的鱼类和两栖类动物繁盛，到古生代后期，爬行动物和似哺乳动物也开始出现。

中生代

距今2.50亿年前至6550万年前。分为三叠纪、侏罗纪、白垩纪三个阶段。

三叠纪

恐龙出现于三叠纪的中晚期，由此开始了漫长的进化。

单脊龙

角鼻龙

中华盗龙

侏罗纪 这一时期，恐龙种类繁多，成为陆地上的优势动物。

双腔龙

近鸟龙

腕龙

莱索托龙

棘龙

蜥结龙

霸王龙

扇冠大天鹅龙

白垩纪 植物种类的增多使恐龙的种类继续增加，直至生物大灭绝事件全部灭绝。

犹他盗龙

似鳄龙

祖尼角龙

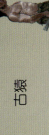

原始人类

古猿

始祖象

新生代 从6550万年前至今。恐龙灭绝后，哺乳动物迅速发展起来，人类开始出现并繁衍至今。

37

中生代生物灭绝事件

地球历史上共发生了 5 次生物大灭绝事件，恐龙生活的时代——中生代共发生过 3 次生物大灭绝事件。

二叠纪末与三叠纪初的生物大灭绝

发生时间：距今 2.50 亿年前，古生代末期至中生代初期。

概　况：这次生物大灭绝事件，导致了全球 96% 以上的物种灭绝，包括 90% 的海洋生物和 70% 的陆地脊椎动物。科学界普遍认为，这次灭绝事件是地球史上最大也是影响最深远的一次灭绝事件，因为其处在古生代向中生代过渡的时期，在地球历史上具有里程碑式的意义。

原　因：海平面下降和大陆漂移。这一时期，地球上的各大陆连接在一起，海岸线较少，内陆得不到充分的水汽补给，生态系统遭到了严重破坏。再加上气候干旱导致的气温不断升高，海洋中的盐度发生变化，不仅让海洋生物失去了生存空间，也使大部分的陆地生物遭遇灭顶之灾。

灭绝的生物代表：几乎全部海洋生物、大部分的两栖动物、三叶虫等。

三叠纪末期的生物大灭绝

发生时间：距今 2.051 亿年前。

概　况：中生代灭绝范围最小的一次事件，据资料显示，这次事件造成了 70% 左右的生物灭绝，其中绝大多数是海洋生物。在这次事件中，地球上腾出了许多"生态位"，一部分恐龙幸存下来并迅速崛起，开始了它们统治陆地的漫长时期。

原　因：古生物学家对此次大灭绝事件发生的原因一直没有定论，洪水、地震、火山喷发等说法众说纷纭。虽然不确定这次大灭绝的具体原因，但因为三叠纪末期，盘古大陆已开始趋向于分裂，分裂的过程中必然会使陆地和海洋受到挤压和冲击，在这种情况下产生何种自然灾难也都不足为奇了。

灭绝的生物代表：除鱼龙外的所有海洋爬行动物、牙形石、出现较早的恐龙、角鳄等。

白垩纪末期的生物大灭绝

发生时间：距今 6550 万年前。

概　　况：地球历史上最大的灭绝事件之一，因为恐龙时代的终结而闻名。这次事件造成了 50% 的生物灭绝，这次事件的破坏性极强。但也正是此次事件，为哺乳动物以及人类的登场提供了契机，因此，具有历史性的转折作用。

原　　因：关于这次事件的原因，有行星撞击或坠落、火山爆发、生态失衡、物种退化等多种说法，尤其对恐龙灭绝原因的猜测更是众说纷纭。但鳄鱼、蜥蜴、哺乳动物、鸟类为何能够顺利进入下一纪元，也一直是古生物学家们研究的关键问题。

灭绝的生物代表：全部的恐龙、菊石、大部分的裸子植物等。

恐龙灭绝假说

恐龙的灭绝标志着中生代的结束，所以这一重大事件发生的原因一直是古生物学家们不断探索的问题。而恐龙这一中生代占统治地位的生物是如何灭绝的，也一直成为人们谈论的焦点，由此产生了许多关于恐龙灭绝的假说。

假说一：小行星撞击地球

小行星撞击地球假说是科学界最支持的假说之一，科学界也就这一假说进行了相关论证。美国学者路易斯·阿尔瓦雷茨认为，小行星撞击地球会引起化学元素铱的含量增加，而在6550万年前的白垩纪末期，地质层中的铱含量确实存在大幅度增加的情况。另有科学家提出小行星撞击地球会产生大量的尘埃，或者间接地影响地球的气候，植物无法进行光合作用而灭绝，而恐龙则因为缺少食物而最终走向灭亡。

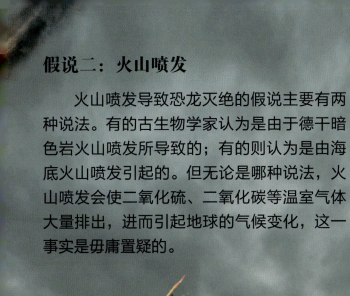

假说二：火山喷发

　　火山喷发导致恐龙灭绝的假说主要有两种说法。有的古生物学家认为是由于德干暗色岩火山喷发所导致的；有的则认为是由海底火山喷发引起的。但无论是哪种说法，火山喷发会使二氧化硫、二氧化碳等温室气体大量排出，进而引起地球的气候变化，这一事实是毋庸置疑的。

假说三：板块漂移引起气候变化

　　这一假说认为由于大陆板块的移动引起洋流的改变，从而导致气候变得不利于植物生长，恐龙因为缺失食物而灭绝。植食性恐龙先灭绝，肉食性恐龙因失去植食性恐龙的依存而灭亡。

第三章

三叠纪——恐龙出现了

三叠纪时期的生态环境

三叠纪是中生代的开端。这一时期的生态环境，无论从地质角度还是气候角度来看，都逐渐变得更适宜生物的存活与发展。在进入三叠纪之前发生了生物灭绝事件，一些生物在灭绝事件中消失，但与前代相比，三叠纪的生物种类更加多样。

地球板块的变化

三叠纪时期的大陆是一块超大陆，即盘古大陆。直到三叠纪中晚期，盘古大陆开始出现分裂的迹象。

动物

相比于二叠纪，三叠纪时期的动物种类更多样了。海洋中生存着菊石、双壳类、六射珊瑚、鱼龙等海洋生物。陆地上，脊椎动物得到了进一步的发展，最早的哺乳动物——似哺乳爬行动物从兽孔类爬行动物中演化出来，三叠纪晚期恐龙从槽齿类爬行动物中演化出来，这一时期的恐龙体形较小。此外，翼龙和最早的乌龟——原颚龟也出现了。

气候和植物

三叠纪时期典型的红色砂岩表明该时期的气候炎热干燥。但是这种气候特色只局限于盘古大陆的内部，近海地区的气候则比较湿润温暖。这是因为陆地面积广大，近海湿润温暖的空气无法到达大陆内部，导致内陆气候干燥，甚至有大面积沙漠存在的可能。这样的气候条件使得较耐旱的蕨类植物以及不过分依赖水繁殖的针叶树逐渐在这些地区取得了竞争优势。三叠纪早期陆地上的植物多为一些耐旱的蕨类植物，到三叠纪晚期，气候开始向湿润温暖转变，植物生长也趋向繁茂，苏铁、尼尔桑、银杏等裸子植物开始出现。到三叠纪末期，裸子植物成为陆地上的优势植物，开始了统治陆地植物的漫长时期。

恐龙属于爬行动物

恐龙是一种特殊的史前爬行动物，它们具有爬行动物共有的一些特征：有脊椎；身体表面覆盖有鳞片；产卵；冷血。今天的爬行动物只能匍匐爬行，而恐龙有直立的脚，能快速行走、奔跑，这是恐龙和今天的爬行动物的不同之处。

今天的爬行动物

| 蛇 | 蜥蜴 | 乌龟 |

恐龙的黎明

恐龙灭绝距今已有6550万年了，虽然目前还不能确定恐龙究竟是从什么动物进化而来，但三叠纪早期出现的槽齿类爬行动物极有可能是恐龙的祖先。尽管中生代中晚期是恐龙作为优势动物统治的时代，但在三叠纪时期，恐龙并不是主角。这个时期，原始的半龙半兽的似哺乳爬行动物仍在生物界占主导地位，同样大型的一些初龙类动物也让早期的恐龙望而生畏。新生的恐龙体形较小，它们只能在这些庞大动物的阴影下生活。当然，此时还有小型蜥蜴、会飞的爬行动物翼龙、古老的昆虫等动物，它们和恐龙一起分享着这个鲜活的世界。

波斯特鳄

有些像霸王龙和鳄鱼的混合体，体形较长，可以达到6米，四肢几乎等长，头骨巨大，是大型的初龙类动物。

扁肯氏兽

属大型二齿兽下目。头大尾短，身体短且宽，肢体粗大有力，背部有颗粒状突起，上下颌骨的外形与现代乌龟的嘴比较像。

初龙类动物

　　初龙类希腊学名译为"具优势的蜥蜴"，初龙是许多生活在中生代的爬行动物的统称，包括由槽齿类爬行动物演化而来的恐龙以及翼龙。初龙类包括坚蜥目、劳氏鳄目、鸟鳄科、喙头龙目、槽齿目等。在三叠纪晚期的灭绝事件中，大部分的初龙类动物都已经灭绝。

似哺乳爬行动物

　　三叠纪时期，和早期的恐龙并存的动物包括似哺乳爬行动物，主要以二齿兽下目和犬齿兽亚目为代表。二齿兽下目多为植食性动物，而犬齿兽亚目中大多数为肉食性动物。犬齿兽类动物和哺乳动物的相同点有很多，例如咀嚼食物时可以呼吸，有胡须或体毛，四肢位于身体之下，能奔跑等。

槽齿龙

　　槽齿龙是最早出现的植食性恐龙之一，身长约 1.2 米，头小，脖子和尾巴都很长，它们可能大部分时间四足着地行走，有时也会依靠后肢站立。

早期的恐龙

三叠纪时期，没有独立分区的气候还不能刺激恐龙朝不同的方向进化，所以恐龙刚出现时种类并不多，体形也较小。大陆板块移动导致气候变化之后，恐龙的种类也逐渐增多，体形开始显著增大，这个物种才逐渐发展并日趋成熟。

板 龙

生活在三叠纪晚期的古老的恐龙之一，是目前发现的第一种植食性恐龙，也是三叠纪时期最大的恐龙。

腔骨龙

目前已知的最古老的恐龙之一，出现于三叠纪晚期，属腔骨龙科，是生活在北美洲的肉食性、二足行走的小型恐龙。

三叠纪时期恐龙的地理分布

　　三叠纪时期，地球上只有一块大陆，直到三叠纪晚期，盘古大陆才开始分裂为北方的劳亚大陆和南方的冈瓦纳大陆。因此这一时期的恐龙呈现同质性的特征。这一时期代表性的恐龙主要有肉食性的腔骨龙超科和植食性的原蜥脚下目两大类型。

生活在南半球的恐龙

　　在南半球的冈瓦纳大陆上，非洲和南美洲开始向远离赤道的方向漂移。陆地的分裂使海水灌入大陆内部，陆地的海岸线延长，气候变得湿润温暖，更适宜生物的存活与发展。这一时期生活在南半球的恐龙主要有南十字龙、滥食龙、皮萨诺龙等。

　　三叠纪时期，地球上所有的陆地都连接在一起，海岸线短，海洋的水汽不能深入陆地内部，这时的气候炎热干燥，大陆内部甚至有沙漠的存在。随着板块的漂移与碰撞，大陆被海洋分割开来，海岸线延长，陆地受海洋的影响越来越大。这时，各陆地板块上温暖湿润的区域增大，再加上板块漂移、碰撞会引起造山运动，山脉阻隔湿润温暖的水汽深入内陆，从而使大陆逐渐开始出现冷暖分区。所以说板块运动使陆地和海洋的布局发生了变化，进而影响全球的气候。

大　陆

特 提 斯 海

黑丘龙

陆

生活在北半球的恐龙

　　位于北半球的劳亚大陆也就是现在的北美洲和欧亚大陆的结合体。大陆板块的分裂和漂移，使劳亚大陆逐渐远离赤道，海岸线也较以前更长，整个大陆的气候由炎热干旱向温暖湿润转变。这种气候非常适宜生物的繁衍生息，植物葱郁，为恐龙等动物提供了充足的食物。这一时期生活在北半球的恐龙主要有腔骨龙、哥斯拉龙、槽齿龙、鞍龙等。

第四章

南半球的恐龙

幻 龙

幻龙是半海生动物，属于远古时期鳍龙超目，是最古老的海洋爬行动物之一。敏捷的幻龙以菊石、头足动物和鱼类等为食。尽管幻龙是水栖动物，但它们的生活习性可能与现代海豹相似，它们的身体纤细，四肢却非常发达，可以想象它们爬到岸上产卵或捕食的画面。

幻 龙

学　　名：Nothosaurus

生存年代：距今约 2.4 亿年前至 2.1 亿年前的三叠纪中晚期

体　　形：身长约 4 米，体重约 400 千克

食　　性：肉食性，以鱼类为主

化石发现地：亚洲、欧洲、非洲

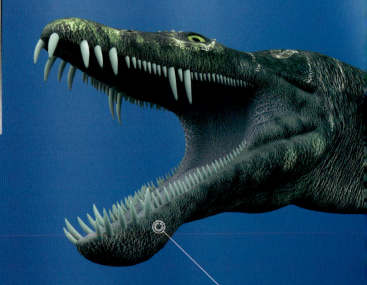

头 部

幻龙的头部较长，宽广且平坦，嘴中长满了钉状尖牙。

尾巴

幻龙长有细长的尾巴，呈扁长形。

四肢

幻龙四肢较短且非常发达，前后肢长有五趾，趾间长有蹼。

滥食龙

大个子恐龙的祖先

蜥脚亚目恐龙由最初依靠二足直立行走、体形较小的恐龙逐渐演化成四足行走、小脑袋、长脖子的大个子恐龙，滥食龙就是已知最原始的蜥脚亚目恐龙之一。别看滥食龙体形矮小，它们经过不断的进化，逐渐演化出了地球上出现过的最大的陆栖动物，滥食龙也就成了这些大个子恐龙的祖先。

四 肢

滥食龙的前肢短、后肢长，主要靠后肢奔跑，前肢上长有四指，且第四指退化得很短。

头 部

滥食龙长有细长的脑袋，口中布满锋利的牙齿。

杂食的滥食龙

　　滥食龙的牙齿外形比较特别，它颌部前段长有边缘带锯齿的锋利牙齿，这是肉食性恐龙的典型特征；但它颌部后段却长有树叶状的牙齿，这又是植食性恐龙的典型特征。由此推断滥食龙可能是杂食性恐龙，是肉食的兽脚类恐龙和植食的蜥脚类恐龙的过渡物种。

滥食龙

学　　名：Panphagia

生存年代：距今约 2.3 亿年前至 2.28 亿年前的三叠纪晚期

体　　形：身长约 1.3 米

食　　性：杂食性

化石发现地：南美洲，阿根廷

瓜巴龙

瓜巴龙

学　　名：Guaibasaurus

生存年代：距今约 2.3 亿年前至 2.24
　　　　　亿年前的三叠纪晚期

体　　形：身长约 2 米，高 0.7 米，
　　　　　体重约 30 千克

食　　性：肉食性

化石发现地：南美洲，巴西

瓜巴龙长有细长的脑袋，因为头骨上的开孔很大，所以瓜巴龙的脑袋很轻。

身体轻巧的瓜巴龙

瓜巴龙的化石发现于巴西，是最古老的恐龙之一。瓜巴龙的体形较小，拥有细长的脖子和尾巴，这种身体结构便于快速奔跑。尽管瓜巴龙的身体结构比较原始，但正是这种轻巧的体形为它在三叠纪生存提供了优势条件。

前　肢

瓜巴龙的前肢较短，长有五根手指，但有两根手指已经退化得很短。

59

牙 齿

瓜巴龙的口中长着锋利的牙齿，表明它是肉食性恐龙。

瓜巴龙归属的争议

　　1999年，约瑟·波拿巴等人提出将瓜巴龙归入兽脚亚目，并归类于瓜巴龙科。2007年，约瑟·波拿巴等人发现同时期生存于巴西的农神龙与瓜巴龙有些相似特征，于是约瑟·波拿巴等人将两种恐龙都归类于瓜巴龙科，并将瓜巴龙科重新归类于蜥脚亚目。约瑟·波拿巴等人也提出，瓜巴龙和农神龙的外形同兽脚亚目恐龙更相似些，但关于瓜巴龙的归属目前仍有争议。

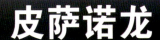

皮萨诺龙

头部

皮萨诺龙头部较小，但却长有一对大眼睛，这可能表明皮萨诺龙视力较好。

娇小的植食性恐龙

皮萨诺龙是一种非常小的植食性恐龙，以二足直立的方式行走，身高只有0.3米，还没到成年男人的膝盖处。皮萨诺龙的化石在阿根廷的拉里奥哈省被发现，它的学名是阿根廷古生物学家皮萨诺根据自己的名字命名的。

皮萨诺龙的归属问题

皮萨诺龙自化石被发现以来，关于它的归属就一直存在争议。1967年，古生物学家皮萨诺在为皮萨诺龙命名时建立了皮萨诺龙科，1976年，约塞·波拿巴提出皮萨诺龙科是畸齿龙科的异名，后来皮萨诺龙科便被废除，不再被正式使用。2008年，理察·巴特勒提出皮萨诺龙属于畸齿龙科，并且是目前所知最原始的鸟臀目恐龙。

皮萨诺龙

学　　名：Pisanosaurus

生存年代：距今约 2.28 亿年前至 2.16 亿年前的三叠纪晚期

体　　形：身长约 1 米，高约 0.3 米，体重约 3 千克

食　　性：植食性

化石发现地：南美洲，阿根廷

四 肢

　　皮萨诺龙的前肢短，后肢修长且比较健壮，这样的身体结构利于奔跑。

南十字龙

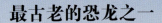

最古老的恐龙之一

　　南十字龙属于兽脚亚目，是目前已知最古老的恐龙之一。南十字龙是一种二足直立行走的小型恐龙，以中小型陆栖脊椎动物为食。南十字龙在肉食性恐龙演化的进程中起着非常重要的作用，许多侏罗纪和白垩纪时期的肉食性恐龙都由其演化而来。

手指与脚趾

　　前肢和后肢上分别长着五根手指和五根脚趾，这是原始恐龙常见的特征之一。

南十字龙

学　　名：Staurikosaurus

生存年代：距今约 2.25 亿年前的三叠
　　　　　纪晚期

体　　形：身长约 2 米，高约 0.8 米，
　　　　　体重约 30 千克

食　　性：肉食性

化石发现地：南美洲，巴西

头 部

　　南十字龙的头部比例较大，嘴中长有边缘呈锯齿状的锋利牙齿，表明它们是食肉的。

名字的由来

南十字龙的化石在巴西南部被发现，内德·科尔伯特为其命名。因为当时在南半球很少发现恐龙化石，所以南十字龙的名字是根据只有在南半球才能看到的南十字星座命名的。

尾巴

南十字龙的尾巴长度约0.8米，尾巴长而细。

里奥哈龙

早期的庞然大物

里奥哈龙是一种体形较大的植食性恐龙，四肢结实粗壮，长着长长的脖子和尾巴。它们喜欢群居生活，在当时，成年的里奥哈龙很少受到食肉动物的威胁。里奥哈龙的前后肢长度比较接近，这表明它们可能以四足方式行走。

尖尖的爪子

　　里奥哈龙的前肢上长有比较尖的爪子，方便它们钩住树枝，同时还可以抵御肉食性恐龙的攻击。

里奥哈龙

学　　名：Riojasaurus

生存年代：距今 2.2 亿年前至 2.15 亿年前的三叠纪晚期

体　　形：身长约 10 米，高约 2.5 米，体重约 4.5 吨

食　　性：植食性

化石发现地：南美洲，阿根廷

牙 齿

里奥哈龙长有叶状的牙齿，这表明它们以植物为食。

中空的脊椎骨

虽然里奥哈龙身躯庞大，但是它们却长有中空的脊椎骨，以此来减轻身体的重量。

黑丘龙

　　黑丘龙是生活在南非的植食性恐龙，属于原蜥脚下目。黑丘龙身长约8米，四肢粗壮，尾巴较长，头很小，在当时还以小型动物为主体的非洲大陆上，黑丘龙无疑是三叠纪晚期非洲大陆上的"霸主"。黑丘龙之所以进化得如此庞大可能和它要抵御敌害有关。如同大部分蜥脚亚目恐龙，黑丘龙的脊椎骨也是中空的，这样的结构可以减轻身体的重量。

头部

　　黑丘龙的头较小，呈三角形，嘴部和鼻部有点尖。

争强好胜的黑丘龙

在当时的非洲大陆上，成年的雄性黑丘龙是非常争强好胜的。面对它们庞大的身躯，一般的食肉动物也不敢轻易攻击，因此，它们几乎没有什么敌人。可能是为了吸引雌性黑丘龙或者为了取得自己在族群中的领导地位，成年的雄性黑丘龙之间经常发生争斗。

四 肢

黑丘龙四肢健壮，主要以四足方式行走，在寻找食物和抵御攻击时也会依靠后肢站立。

黑丘龙

学　　名：Melanorosaurus
生存年代：距今 2.1 亿年前至 1.9 亿年前的三叠纪晚期至侏罗纪早期
体　　形：身长约 8 米，高约 2.5 米，体重约 2 吨
食　　性：植食性
化石发现地：南非

始奔龙

始奔龙

学　名：Eocursor

生存年代：距今约 2.1 亿年前的三叠纪晚期

体　形：身长约 1 米，高约 0.25 米，体重在 1 千克至 3 千克之间

食　性：植食性

化石发现地：南非

始奔龙学名的含义是"开始的奔跑者"，生活在 2.1 亿年前三叠纪晚期的南非。它是一种小型、敏捷的植食性恐龙，以二足方式行走。

了解鸟臀目早期的演化

始奔龙是目前已知最早的鸟臀目恐龙之一。1993 年，始奔龙的化石被发现，是最完整的三叠纪鸟臀目化石，因为早期恐龙的化石大都是不完整的骨骸，始奔龙的发现有助于了解鸟臀目的起源。著名的植食性恐龙包括三角龙和剑龙等都是鸟臀目恐龙。

牙齿 始奔龙的牙齿形状为三角形，类似蜥蜴的牙齿，表明它们是植食性恐龙。

后肢 始奔龙的后肢很长且发达有力，它们依靠后肢行走，是快速的奔跑者。

恶魔龙

恶魔龙生活在南美洲，是中型的兽脚亚目恐龙。虽然目前还没有发现其完整的骨骼化石，但恶魔龙被认为是依靠二足行走的肉食性恐龙。成年恶魔龙的头颅骨长约 45 厘米，古生物学家据此推测其身长约为 4 米。

头 冠

恶魔龙的头颅骨上长有两个薄片状的小型冠状物，主要由鼻骨构成。

恶魔的蜥蜴

恶魔龙由阿根廷古生物学家安德瑞·阿尔库奇及罗多尔夫·科里亚命名，恶魔龙学名的含义是"恶魔的蜥蜴"。 正如它的名字一样，恶魔龙凭借其较大的体形及巨大的杀伤力，在三叠纪晚期的南美洲大陆上成为恶魔般的存在。

四 肢

　　与兽脚亚目的其他恐龙相似,恶魔龙依靠后肢行走,前肢长有尖利的爪子用来抓住猎物。

恶魔龙

学　　名：Zupaysaurus

生存年代：距今 2.09 亿年前至 2.02
亿年前的三叠纪晚期至侏
罗纪早期

体　　形：身长约 4 米，高约 1.8 米，
体重约 200 千克

食　　性：肉食性

化石发现地：南美洲，阿根廷

第五章
北半球的恐龙

肖尼龙

头 部

肖尼龙的头部呈流线型，口鼻部窄长，口中的牙齿虽小但尖利，可以牢牢地抓住滑溜溜的鱼类食物。

腹 部

肖尼龙的肚皮肥大，堪称"鱼龙之最"。

北美洲的巨型鱼龙

肖尼龙是鱼龙的一种，也是最为人们所熟知的海洋爬行动物之一。肖尼龙的体形和海豚比较像，具有鳍状构造和流线型的头部，这使得它们游泳的速度非常快。肖尼龙的身长普遍能达到 15 米左右，是三叠纪晚期出现在北美洲的巨型鱼龙。

鳍

肖尼龙有四个巨大的鳍，几乎等长，在水中行进时像船桨一样。

肖尼龙

学　　名：Shonisaurus

生存年代：距今约 2.15 亿年前的三叠纪晚期

体　　形：身长约 15 米

食　　性：肉食性，以鱼类为主

化石发现地：北美洲

杯椎鱼龙

脊 椎

杯椎鱼龙的椎体呈中空的杯子状，它们也因此而得名。

尾 巴

杯椎鱼龙的尾巴扁长，像鳗鱼一样，这使得它们成为游泳健将。

深水区的统治者

　　杯椎鱼龙比较原始，是鱼龙中最早的成员之一。它们的身体细长，和今天的海豚比较类似，堪称"鱼龙中的海豚"。杯椎鱼龙没有背鳍，这是它们和背部有隆起的后期鱼龙区别开来的关键部位。杯椎鱼龙以鱼类为食，它们常常在深海区域"游荡"，伺机捕食猎物。

杯椎鱼龙

学　　名：Cymbospondylus

生存年代：距今 2.4 亿年前至 2.1 亿
　　　　　年前的三叠纪中晚期

体　　形：身长约 10 米

食　　性：肉食性，以鱼类为主

化石发现地：北美洲、欧洲、亚洲、
　　　　　　南美洲

亚利桑那龙

牙齿

亚利桑那龙与鳄鱼的亲缘关系较近，因此具有和肉食性动物一样的锋利牙齿。

亚利桑那龙

学　　名：Arizonasaurus
生存年代：距今约 2.4 亿年前的三叠纪中期
体　　形：身长约 3 米
食　　性：肉食性
化石发现地：北美洲，美国

初龙类爬行动物

　　亚利桑那龙是初龙类爬行动物，属于劳氏鳄目梳棘龙科，是接近恐龙和鳄鱼分开演化节点的物种，与鳄鱼的亲缘关系较近。亚利桑那龙的化石发现于美国的亚利桑那州北部，研究发现该地区的地层属于三叠纪中期。

背　部

　　亚利桑那龙背部长有大型的帆状物，由从脊椎骨延长的神经棘构成。

盒 龙

盒龙属于兽脚亚目恐龙，发现于三叠纪晚期的美国，是早期恐龙之一。对于盒龙的归属目前仍比较模糊，有人认为它和钦迪龙是同一种类，也有人认为它和艾雷拉龙有亲缘关系，它暂时被归类于艾雷拉龙科。

盒 龙

学　　名：Caseosaurus
生存年代：距今约 2.28 亿年前的三叠纪晚期
体　　形：身长 1.8 米至 3.6 米，高 0.6 米至 1.5 米，体重 15 千克至 100 千克
食　　性：肉食性
化石发现地：北美洲，美国

盒龙的头部较大，且后肢较长，这让它们在捕食过程中具有极强的爆发力，敏捷度也较高。

前 肢

盒龙的前肢较短，爪子具有早期恐龙的基本特征——长有五指。

钦迪龙

钦迪龙

学　　名：Chindesaurus
生存年代：距今约 2.25 亿年前的三叠
　　　　　纪晚期
体　　形：身长约 2 米，高约 0.8 米，
　　　　　体重约 30 千克
食　　性：肉食性
化石发现地：北美洲，美国

适者生存

　　钦迪龙生活在三叠纪晚期的北美洲，主要分布在美国的亚利桑那州、新墨西哥州。虽然钦迪龙的体形较小，但它们积极适应环境，并利用环境为自己服务，在变化莫测的三叠纪生存下来，并快速发展起来。

四　肢

　　钦迪龙的前肢较短，后肢长且健壮。前肢长有五指，其中第四指和第五指退化变得不明显。

尾 部

钦迪龙尾巴的骨骼发达，肌肉结实，能起到维持身体平衡的作用。

钦迪龙的头较长，眼眶很大，头部长有脊冠或者角。它的嘴里长有尖牙，可以牢牢地咬住猎物

蓓天翼龙

会飞的爬行动物

　　蓓天翼龙是最古老的翼龙之一，是会飞的爬行动物。蓓天翼龙体形较小，展翼后约 0.6 米，和其他翼龙相比要小得多。它们展翼后的长度约等于后肢长度的两倍，而其他的翼龙展翼后的长度则是后肢长度的三倍甚至以上。蓓天翼龙是杂食性动物，以昆虫为食。

牙 齿

　　蓓天翼龙的牙齿有三种类型，但都是圆锥状，并且只有一个尖头。

蓓天翼龙全身的骨骼都比较轻，但是却很坚固，在空中飞行时能兼顾灵活性和稳固性。

尾巴

蓓天翼龙拥有一条长尾巴，长度约为0.2米，尾巴很坚挺。

蓓天翼龙

学　　名：Peteinosaurus

生存年代：距今2.21亿年前至2.1亿年前的三叠纪晚期

体　　形：展翼后约0.6米

食　　物：昆虫类

化石发现地：欧洲

腔骨龙

最原始的恐龙之一

腔骨龙是目前已知的最原始的恐龙之一，又名虚形龙，属腔骨龙科，是生活在北美洲地区的小型肉食性恐龙，它们依靠后肢行走。

头 部

腔骨龙的头部有大型的洞孔，这样能起到减轻头颅骨重量的作用，连接洞孔的狭窄骨头，可以保持头颅骨结构的完整。

化石进入太空

1998 年 1 月 22 日，来自卡内基自然历史博物馆的一个腔骨龙的头骨化石，经由奋进号航天飞机被带到了和平号空间站中，经过太空航行后回到地球。这标志着腔骨龙成为第二个进入太空的恐龙，具有历史性的意义。此外，腔骨龙化石也是美国新墨西哥州的州化石。

腔骨龙

学　　名：Coelophysis
生存年代：距今 2.16 亿年前至 2.03
　　　　　亿年前的三叠纪晚期
体　　形：身长 2 米至 3 米，高约 0.7
　　　　　米，体重约 20 千克
食　　性：肉食性
化石发现地：北美洲，美国

牙齿

标准的肉食性恐龙的牙齿，像剑一样锐利，并且向后弯曲，有小型的锯齿边缘。

尾巴

腔骨龙的尾巴比较与众不同，不仅长，而且具有半僵直的结构，可以防止其在快速移动的过程中上下摆动，起到平衡的作用。

鞍 龙

牙 齿

鞍龙的口中有异形齿，前齿和后齿的外形存在明显差异，这也是它和板龙显著的不同之处。

前 肢

鞍龙的前肢较短，拥有灵活的爪子，既可以抓取食物，也可以用于防御外敌。

和板龙混淆不清的恐龙

鞍龙属于蜥脚亚目恐龙，它最知名的一点就是和大名鼎鼎的板龙混淆不清。无论是化石发现的地址，还是体形、身体结构都和板龙非常相似。所以古生物学家对于鞍龙和板龙之间是否存在演化关系一直有争议，至今也没有定论。

后 肢

鞍龙的后肢比较健壮，二足站立时完全可以支撑起身体的重量。

鞍 龙

学　　名：Sellosaurus

生存年代：距今 2.2 亿年前至 2.15 亿年前的三叠纪晚期

体　　形：身长约 7 米，高约 2 米，体重达 1 吨

食　　性：植食性

化石发现地：欧洲，德国

邪灵龙

▶ ▶ ▶

牙 齿

邪灵龙的口鼻部较短，上、下颌前端的牙齿很长，并向外倾斜、突出，后端的牙齿较小。

头 部

邪灵龙的颅骨高而窄，眼眶较大，眼眶后部有一个骨突，可以一直延伸至眼眶内部。颧骨也比较高，且侧边有突起。

恐龙进化史上不可缺少的一环

　　邪灵龙是目前所知较原始的恐龙之一，是二足兽脚亚目恐龙。邪灵龙可以二足行走，因其体形较小所以移动的速度非常快。它是原始恐龙向进化程度更高的恐龙过渡的物种，对研究早期恐龙的演化起到了关键性的作用。

邪灵龙

学　　名：Daemonosaurus Chauliodus

生存年代：距今 2.16 亿年前至 2.03 亿年前的三叠纪晚期

体　　形：身长约 1.5 米，高约 0.5 米，体重约 10 千克

食　　性：肉食性

化石发现地：北美洲，美国

板 龙

第一种植食性的巨型恐龙

　　板龙是已知的三叠纪时期最大的恐龙，也是这一时期最大的陆地动物。板龙属于原蜥脚下目，是最早的植食性巨型恐龙。板龙也是欧洲最常见的恐龙之一，目前已发现数十个保存良好的骨骼。

板龙

学　　名：Plateosaurus

生存年代：距 今 2.16 亿 年 前 至 1.99
　　　　　亿年前的三叠纪晚期

体　　形：身长 5 米至 10 米，高约 2
　　　　　米，体重在 1 吨至 4 吨之间

食　　性：植食性

化石发现地：欧洲，德国

颈 部

　　板龙的颈部非常长，由9块颈椎骨组成。

爪 子

　　板龙有五根手指，能抓取，在进食时可以抓取高处的树枝，也可以用来防御。

板龙的亚洲兄弟

　　与板龙长得十分相似的禄丰龙是生活在亚洲的恐龙。禄丰龙的化石在我国云南省禄丰县境内被发现，它也因此而得名。禄丰龙全长在5.5米左右，站立时高度为2米左右，脖子非常长，约为背长的80%。禄丰龙体形硕大，用四足行走，遇到危险时能够以较快的速度逃跑。

真双齿翼龙

中生代的空中霸主

真双齿翼龙是一种翼龙类动物，严格来说，翼龙并不是恐龙，但它们却和恐龙一起成为了中生代的生物代表——翼龙统治天空，恐龙统治陆地。真双齿翼龙是会飞的爬行动物，有一对皮膜形成的翅膀，再加上尾巴上的"钻石"维持平衡，让它们在空中的战场上所向披靡。

真双齿翼龙

学　　名：Eudimorphodon

生存年代：距今 2.16 亿年前至 2.03 亿年前的三叠纪晚期

体　　形：展翼后约 1 米

食　　性：肉食性，以鱼类为主

化石发现地：欧洲、北美洲

眼睛

真双齿翼龙的眼睛非常大，而且视力很好，能够准确判断猎物的位置。

牙齿

真双齿翼龙的牙齿前后不同：前部的牙齿比较大，而且很锋利，能穿透鱼类的鳞片；后部的牙齿虽然小，但带有牙尖儿。

槽齿龙

四肢

槽齿龙的前肢较短，有五指，拇指比较大且长有尖爪，可以用来防御。槽齿龙的后肢比较修长，脚掌有五个脚趾，能二足行走。

槽齿龙

学　　名：Thecodontosaurus

生存年代：距今 2.15 亿年前至 2.05 亿年前的三叠纪晚期

体　　形：身长约 1.2 米，高约 0.3 米，体重约 30 千克

食　　性：植食性

化石发现地：欧洲

槽齿龙的牙齿都位于牙槽内，它们也因此而得名。槽齿龙不是蜥脚亚目中最原始的恐龙，但却是其中最著名的一种。因为它是第一个被叙述的三叠纪时期的恐龙，也是所有恐龙里第四个被命名的。槽齿龙起初被认定为原蜥脚下目的一种，随着研究的不断深入，古生物学家发现槽齿龙与它的近亲出现的时间都比原蜥脚类的恐龙要早。

牙 齿

　　槽齿龙的牙齿比较多，呈树叶状，边缘有锯齿，而且位于齿槽内，这样的牙齿决定了其植食的食性。

理理恩龙

理理恩龙

学　　名：Liliensternus

生存年代：距今 2.15 亿年前至 2.05
　　　　　亿年前的三叠纪晚期

体　　形：身长约 5.5 米，高约 2 米，
　　　　　体重约 130 千克

食　　性：肉食性

化石发现地：欧洲，德国

同时期最大的肉食性恐龙

　　理理恩龙主要分布在三叠纪时期的欧洲，是当时最大的肉食性恐龙。理理恩龙一般只捕食小型动物，如果实在缺少食物才会捕杀大型的植食性恐龙，如板龙等。捕食植食性动物的时候，理理恩龙一般选择在水边进行，因为植食性动物不善水性，在水里行动的速度变得更慢，理理恩龙就利用它们的这个弱点达到捕食的目的。

头 部

　　理理恩龙的头部长有颜色鲜艳的脊冠，由两片薄薄的骨头构成，不抗撞击，其作用可能是在求偶时进行炫耀。

前 肢

　　理理恩龙的前肢非常短，前掌有五指，但第四指和第五指已经退化缩小，没有太多实际作用。

埃弗拉士龙

埃弗拉士龙

学　　名：Efraasia

生存年代：距今 2.15 亿年前至 2.1 亿
年前的三叠纪晚期

体　　形：身长约 6 米

食　　性：植食性

化石发现地：欧洲，德国

被多次归错类的恐龙

　　埃弗拉士龙是一种原始的蜥脚亚目恐龙，比原蜥脚下目的板龙和蜥脚下目的近蜥龙更加原始。因为埃弗拉士龙的化石不完整，所以它曾多次被归错类，分别是：发现之初和劳氏鳄目的化石混合在一起，这些混合化石于 1908 年被命名为巨齿龙；之后又被认为是槽齿龙的同类；1984 年被错认为未成年的鞍龙。直到 2002 年，这一古老的恐龙才正式被命名为埃弗拉士龙，成为一个独立的属。

身　长

　　埃弗拉士龙曾被认为是小型恐龙，后来发现那只是幼年时期的它们，成年埃弗拉士龙的身长可达 6 米。

四　肢

　　和许多原始的蜥脚亚目恐龙一样，埃弗拉士龙可以二足或四足方式行走。

哥斯拉龙

因电影而得名的哥斯拉龙

　　哥斯拉龙是已知的三叠纪最大的肉食性恐龙之一，属于兽脚亚目中的腔骨龙超科。哥斯拉龙的化石最早发现于美国新墨西哥州奎伊县的铜峡谷地层，但是化石样本非常少，而且不完整，只有一些破碎的头颅骨化石和一些残缺不全的四肢化石，所以目前对这种恐龙的描述还很少。哥斯拉龙得名于一部电影，古生物学家在为其命名时突然想到了电影中强悍无比的怪兽哥斯拉，于是便为其命名。

爪子

　　哥斯拉龙的爪子灵活、锋利，捕食猎物时可以给猎物带来巨大的伤害。

哥斯拉龙的牙齿锋利如
剃刀，边缘有锯齿，方便其
撕扯猎物。

哥斯拉龙

学　　名：Gojirasaurus
生存年代：距今约 2.1 亿年前的三叠
　　　　　纪晚期
体　　形：身长 5.5 米至 7 米，高约 1.5
　　　　　米，体重超过 200 千克
食　　性：肉食性
化石发现地：北美洲，美国

冠椎龙

头部

　　冠椎龙的头比较大，头顶有一个隆起的冠，像戴着一顶礼帽。

颈部

　　根据化石显示，冠椎龙的颈椎骨顶部和底部都有一个空腔，这也是它们区别于腔骨龙的关键点。

冠椎龙是三叠纪晚期至侏罗纪早期较大的兽脚亚目恐龙之一。冠椎龙的化石在初期曾被归为敏捷龙属、理理恩龙属，直到 2007 年，古生物学家才将冠椎龙确认为新属。冠椎龙的发现，在恐龙进化史上有着关键性的作用，因为它们生活在中生代两纪的交替时期，可以帮助古生物学家研究兽脚类恐龙的进化规律。

冠椎龙

学　　名：Lophostropheus
生存年代：距今 2.05 亿年前至 2 亿年前的三叠纪晚期至侏罗纪早期
体　　形：身长约 5 米，高约 2 米，体重约 130 千克
食　　性：肉食性
化石发现地：欧洲，英国、法国